三略

さんりゃく

向先秦兵法
學「敗部復活術」

原著・太公望
翻譯・林美琪

丸之內
大型製造商「首都電機」總公司
我認為，要大幅度增加記憶體晶片的容量，立體化是最好的辦法！
序章「夫主將之法」
但是如果要商品化，就得耐用而且價格非壓低不可！
因此我們……
——用上述方式將元件立體化後，就能大量生產「三次元記憶體」了！

※「夫主將之法」：「擔任主將的方法」，出自〈上略〉篇。

這個三次元記憶體一定會成為撐起AI時代的歷史性商品!!
八田英明（52歲）
首都電機
第一開發部部長
砰！
……
緊張
Bravo!!
砰

太棒了！只要有這個記憶體，就能將 AI 迷你化搭載在手機和電腦上面了！
快聯絡總公司！叫他們準備簽約 !!
站起
Yes, sir!
好極了！和世界頂尖積體電路公司「英特利」的巨額交易成交!!
Thank you ！Mr. 八田！
Thank you!!

漂亮！只要能跟那家「英特利」簽約，上面那些死腦筋的傢伙就沒話說了！
直接告訴他們，這是八田部長的發明不就好了！
別胡說。
這個三次元記憶體，是大家一起努力的成果。
這下方三次元記憶體就能在全世界大賣了！
八田部長，您肯定會升官的！
拍我馬屁可沒好處喔！
不過…今晚就去喝一杯吧？

好耶！來舉杯慶祝吧！
過幾天再辦個正式的慶功宴，我來籌備吧！
哈哈哈交給你囉
……啊 對了
你們先回去吧，我還有事。
好的！
常務室
………
常務室
………

高橋常務……
你竟然要把記憶體給立體化？
做得到才有鬼吧！
你是想把公司的錢扔進大海嗎？
常務！這是我們公司在AI時代活下去的必要投資！
哼！不過就成功那麼幾次，可別太跩！
嘖！
……那個高橋這時候找我到底想幹嘛……？

…難道是要私下跟我提升遷的事？
可是，要提升遷的話…
為什麼不是跟我比較要好的鈴木專務，而是高橋…？
遲疑
叩 叩
我是八田！
你好啊
八田！
不好意思啊，還叫你特地跑一趟。
不會…

這個
請你務必
幫忙看一下。
碰
好……
「希望唱片」?
財務報表
第○○期
希望唱片（股）公司
各項
財務報表…?
請問
這個是?
「希望唱片」
是我們首都電機
旗下的一間公司，
這是他們的
各項財務報表。
唱片公司
是指做音樂的…?
答對囉!
我說…
你怎麼看
他們的財務狀況?

……很困難吧……
翻閱
連續兩季都賠錢……
翻閱
上年度賺錢，是因為賣了不動產才……
冷笑
八田……
想不想把它救起來啊？
什麼？

下個年度起，想請你擔任「希望唱片」的社長
!?
反正我們先試個二年看看，再考慮要不要讓它繼續下去。
下次股東大會結束後，正式的人事命令就會下來了。
嗯…一切有勞你了！

這次算是臨時外派，但或許哪天真的把你調過去也說不定。
總之，這麼長一段時間辛苦你啦！
等…
等一下……
現在…現在是…
開什麼玩笑…!?

我可是…
一路帶領
記憶體事業部到現在…
成功開發出
讓AI迷你化的
「三次元記憶體」啊…
心跳加速
心跳加速
心跳加速
而且剛剛還和
「英特利」談成了
一大筆交易
——……
!!
對了對了
鈴木專務啊，
他以健康因素
辭職了喔！

怎麼啦。八田？
當然，你要拒絕任命走人，我也是尊重啦！
原來如此，所以才會……
因為一直很照顧我的鈴木專務他……
…請讓我再考慮一下……
今天要去哪吃午餐呢？
上次那家義大利麵很好吃吧！

砰
砰
幹嘛!?
好恐怖！打架嗎？
王八蛋!!
開什麼玩笑!!

全世界的記憶體市場將會大大改變。
現在是搞這些狗屁派系爭鬥的時候嗎?!
這可是關係到首都電機的未來啊…
連這些都搞不清楚嗎!?
緊握

王八蛋——……!!
三次元記憶體一定會大賣的……

『你要拒絕任命走人，我也是尊重啦！』
也就是說，高橋那幫人，想在我更有影響力之前剷除我。
財務報表
第◎◎期
希望唱片（股）公司
啪噠！
快倒閉的子公司⋯⋯
還故意挑個跟我扯不上關係的唱片業⋯⋯
做得到才有鬼吧！
高橋這次也是認定「這種快倒的公司救得起來才有鬼」，
所以才刻意把我流放到那裡去⋯⋯

唉——!
這就是上班族的……悲哀?……
數日後
喃喃
細語
八田部長,一直以來受您照顧了。
乾杯!!

在這個節骨眼上，把八田部長調出去。公司到底在想什麼啊…
要是沒有記憶體事業，公司搞不好早就垮了…
只有會拍馬屁的白癡，才能出人頭地。結果就是這樣！
我在這家公司工作了……
……
爸爸課長，恭喜恭喜！
表揚大會
三十年……了嗎…

嗨！
抱歉遲到了。
歡迎光臨——
島原！
島原先生，是和八田部長同期的那位…？
點頭
揮手
對啊…他是第一營業部部長。聽說他下年度就要晉升為董事了…
島原，恭喜你榮升董事了！
沒什麼…我只是運氣好而已。

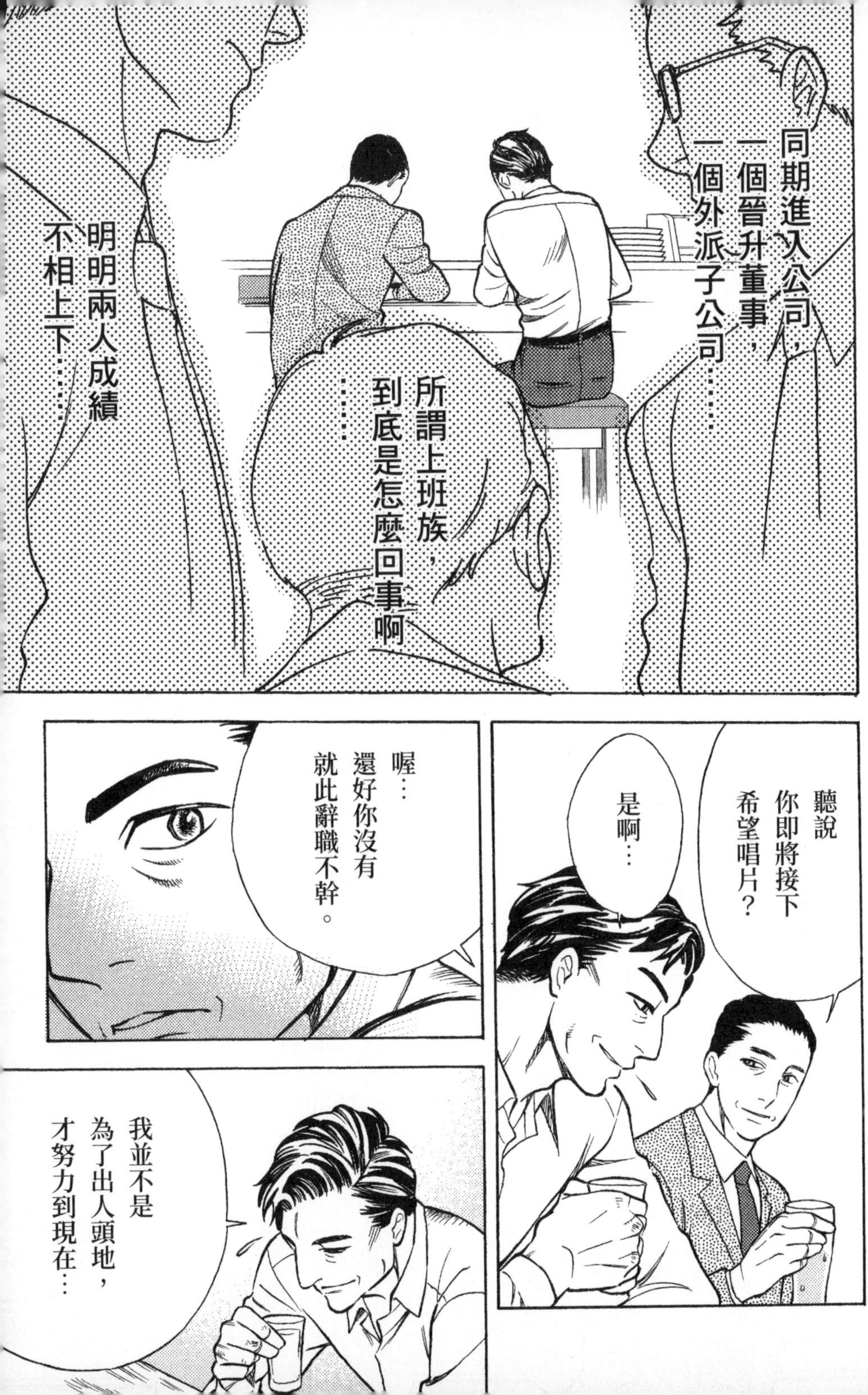
同期進入公司，一個晉升董事，一個外派子公司……
所謂上班族，到底是怎麼回事啊……
明明兩人成績不相上下……
聽說你即將接下希望唱片？
是啊……
喔……還好你沒有就此辭職不幹。
我並不是為了出人頭地，才努力到現在……

碰撞
但是，突然被拆台，還是受到很大的打擊……
…就在我思考自己還能做什麼、還想做什麼之後——
就想跟那些傢伙對決到底！辭職我就輸了——
這樣啊…

有什麼我能幫上忙的隨時說吧！
嗯，謝啦！
抱歉，我得走了。
這是送你的餞別禮。
等一下再打開看吧。
……謝謝你
好好加油！
島原……

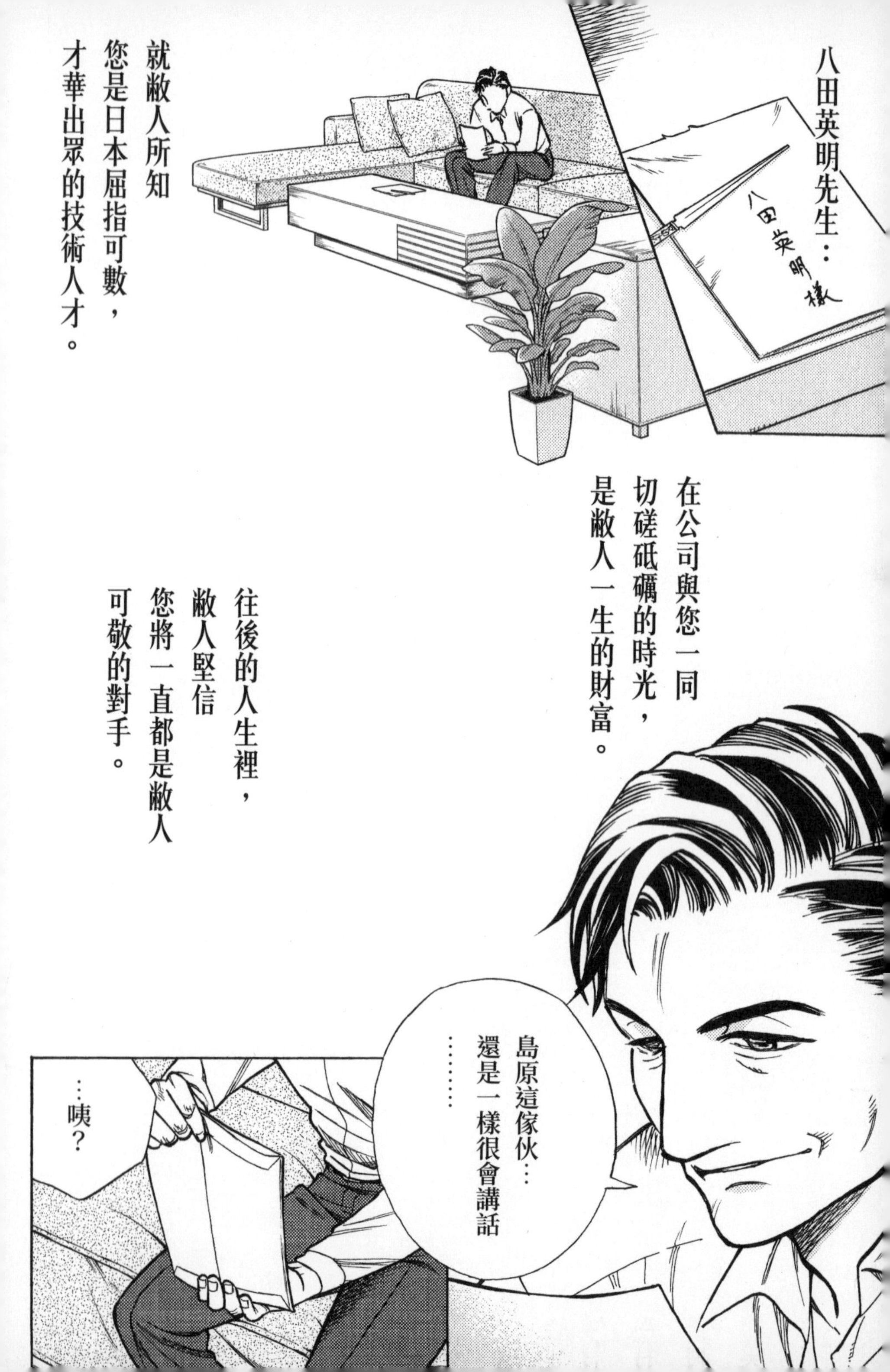
八田英明先生…
八田英明様
就敝人所知
您是日本屈指可數，
才華出眾的技術人才。
在公司與您一同
切磋砥礪的時光，
是敝人一生的財富。
往後的人生裡，
敝人堅信
您將一直都是敝人
可敬的對手。
島原這傢伙…
還是一樣很會講話
………
…咦？

書…？
《三略》？
這是？…
翻頁
這是我年輕時夢想成為一國之君，所愛讀之書。但願對您有所幫助。
島原 敬上
沙沙—
沙沙—
沙沙—
一國之君…？
啊…
原來是「以柔克剛」這些啊…
柔能制剛，
弱能制強。
柔者，德也；剛
弱者，人之所助
強者，怨之所攻
柔有所設，剛有
以前在課本裡好像曾經讀過………

夫主將之法，
務攬英雄之心，
賞祿有功，
通志於眾。
三略
「擔任主將的方法，
就是努力贏得
英雄豪傑的忠心，
確實犒賞有功之人，
令眾人明白
自己的意志。」
（〈上略〉第一節）
原來如此⋯
的確，
社長就像是
「一國之君」吧——
⋯⋯

※《三略》：為中國古代兵書，
成書年代不詳。
分為《上略》、《中略》、《下略》三篇。

第一章「思士如渴」
「主將能渴求賢士的到來，
賢士的策略就會得到採納。」
（〈上略〉第一六節）
這裡就是希望唱片嗎……
果然……小小一棟建築物……
啊，八田社長！

不好意思～～～您通知一聲我就會到車站接您的～～～
希望唱片董事
江藤耕助（60歲）
呃
你是…？
我是希望唱片董事敝姓江藤～～～小小公司還請您多多指教～～～
喔…
這個人是董事…？

電梯在這邊～
亂七八糟的……
不……
這些雜物
大概堆了八百年沒動過
……
等一下，請您到樓上大廳跟全體同仁寒暄一下。
下午有一場董事會～
對了……
江藤先生
啊？
如果時間允許的話，
我想看看錄音室。現在正在錄音嗎？
現在嗎…？

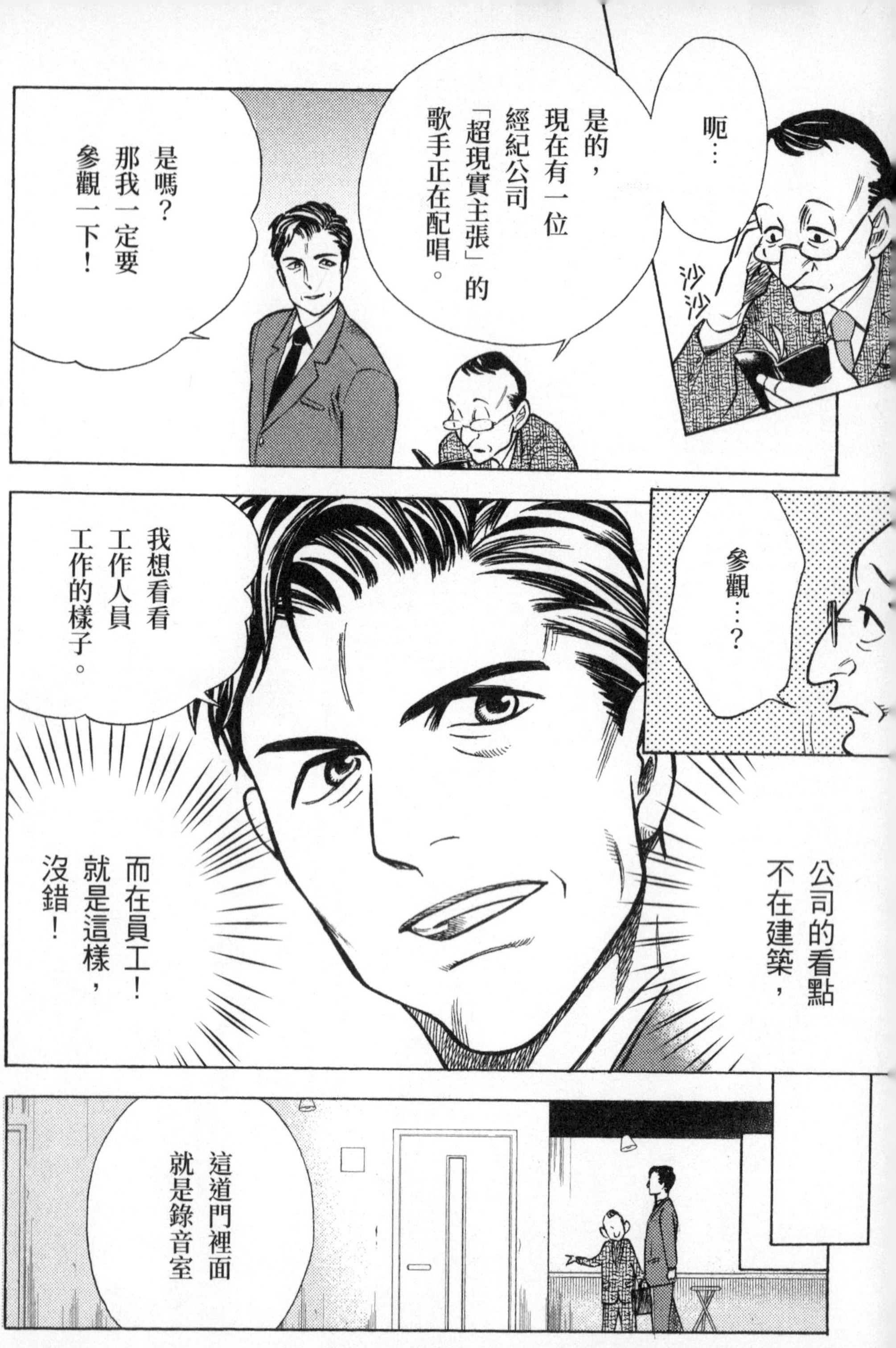

呃…
沙沙
是的，現在有一位經紀公司「超現實主張」的歌手正在配唱。
是嗎？那我一定要參觀一下！
參觀…？
我想看看工作人員工作的樣子。
公司的看點不在建築，
而在員工！就是這樣，沒錯！
這道門裡面就是錄音室

我來瞧瞧…
小谷先生，剛剛錄的那段不好是嗎？
C段如果還不錯，再剪接就好了。
我在電影上看過…
但還是第一次看真正的錄音
喔…
嗯？
不錄了！
搞什麼，這種爛冷氣!!

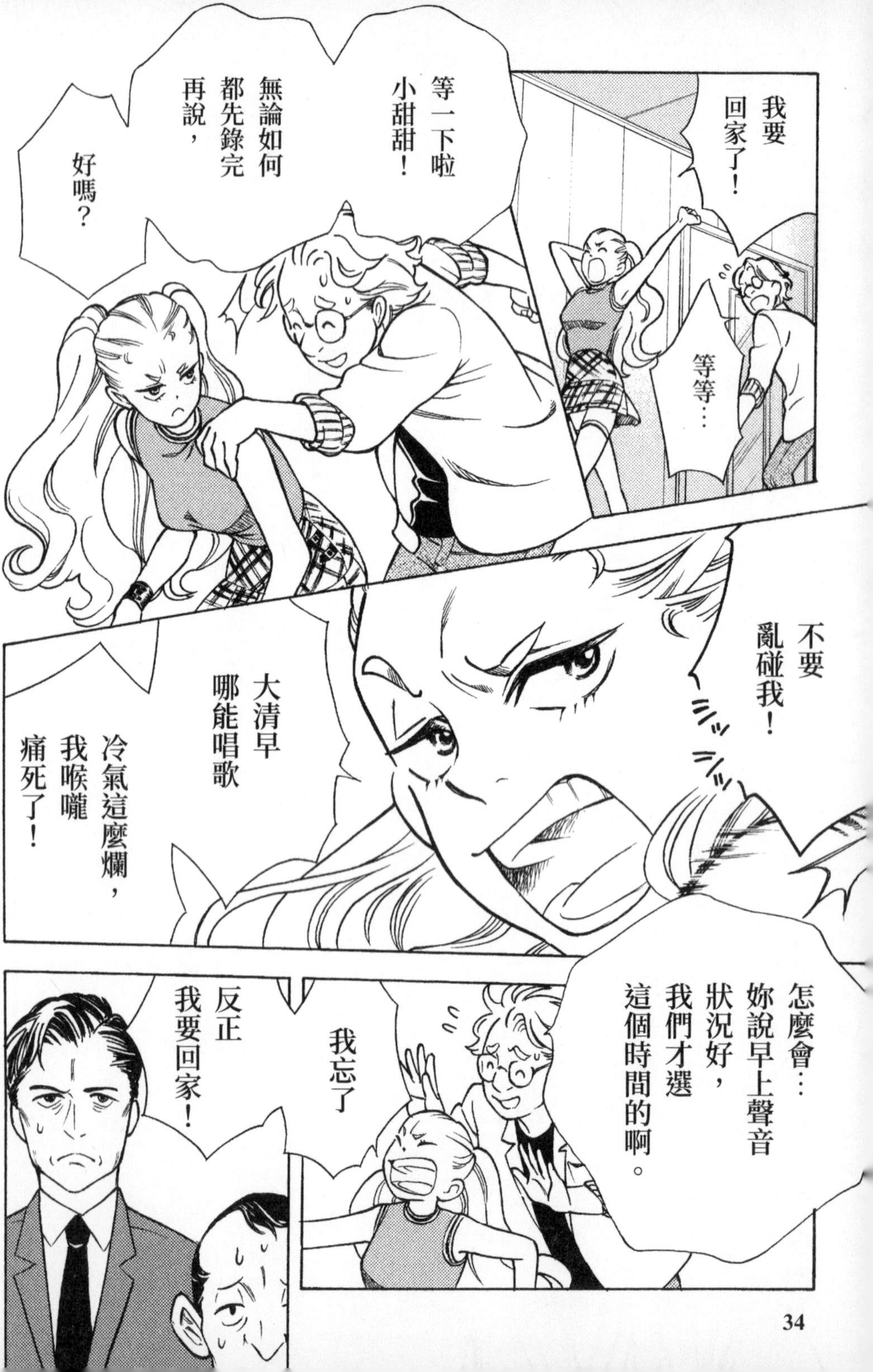
我要回家了！
等等…
等一下啦小甜甜！無論如何都先錄完再說，好嗎？
不要亂碰我！
大清早哪能唱歌
冷氣這麼爛，我喉嚨痛死了！
怎麼會…妳說早上聲音狀況好，我們才選這個時間的啊。
我忘了
反正我要回家！

走開！
啊！
どーんっ
唉喲！
砰！
你…你搞什麼啊?!
工作才做到一半不是嗎？

你在吠什麼啊
死老頭！
啪—
噠
喔喔喔…
剛才說喉嚨痛，
還聲音
這麼大啊！
少囉嗦
死老頭！
不好意思
這位是
社長喔～～～！
小甜甜
妳冷靜一下～～～

社長…?!
啊 這位是歌手小甜甜~
小甜甜，這位是新任社長呢…
……
嗚嗚…
我不管，我要回家!!
啊，等等…
小甜甜，就快錄好一段了…
小谷!!
唰

你竟然在新社長面前這麼丟人現臉！
都是你這個製作人沒盡到責任，
縱容她耍大小姐脾氣！
說對不起就能了事嗎？
嗯
嗯
嗯
對不起……
首都電機也有這種人…這種當場對下屬發飆的傢伙…
他也真夠可憐的……

社長～～～
真是抱歉～～～
呃…差不多該準備去跟大家講講話了……
江藤先生
那個小女生…不，那位小甜甜是當紅歌手嗎？
這個嘛，在我們公司她算是很紅的！
前一張單曲好像是Oricon公信榜第六十名的樣子…
六十名?!
這樣也算很紅？
這種成績卻擺那麼大架子?!
這家公司到底怎麼搞的…?!

接下來，有請八田社長為我們致辭。
我是新到任的社長，八田英明。
之前三十年我在電機廠服務，專做電腦記憶體。

我是音樂門外漢……
對最近的流行狀況，也一竅不通。
不過……
不管哪種行業，所謂工作就是──
「製造優質產品，然後大賣」──這點應該是一樣的！
請各位認真做出自己認為「優質」的產品！
然後──

登上
流行音樂排行榜
冠軍!!
啪
啪
啪
…怎麼了
……?
一點霸氣
都沒有…?

社長室
PRESIDENT
那些同仁的氣氛究竟是怎麼搞的…？
難道他們不想好好做事嗎？
不想拿出好成績嗎？…
沙—
沙—
沙—
治國安家，得人也，亡國破家，失人也。
「國家治理，家庭安定，這是得人心的結果；國家滅亡，家庭破碎，這是失人心的結果。」
（〈上略〉第一節）

……我對音樂一竅不通，
在這家公司裡，我能做的就是讓員工動起來。
讓員工動起來，讓他們發揮應該發揮的功能
要提升業績，只能這樣了吧……
員工們在想什麼？
他們的期待又是什麼……？

啪—
「主將能渴求賢士的到來，賢士的策略就會得到採納。」
（〈上略〉第一六節）
將者，能思士如渴，則策從焉。
沒錯⋯⋯！
我想確實知道下屬的心思！
就算書上沒這麼寫，我也是一直這麼認為!!

第二章「佞臣在上」
「奸佞之徒當權。」
（〈上略〉第二一節）
希望唱片 董事會議室
那麼 我們就開始舉行 歡迎新社長的 首度董事會議。
容我再次 自我介紹，
我是本公司的 專務董事， 甲坂。
希望唱片
專務董事
甲坂憲次郎（63歲）
剛開始 您可能不太習慣。 沒關係， 公司的事情 請放心交給我們。
…請多多指教。

甲坂專務在九〇年代樂團風氣最盛期發掘了很多藝人，
可說是本公司的金雞母暢銷推手！
真了不起！
那麼，二〇〇〇年以後呢？
啊？
哈哈哈…很遺憾，那時候出現CD出租、音樂下載之類的問題很多……
…………
所以沒辦法像從前那樣…
現在生意很難做，尤其是最近…

甲坂專務和當今業界規模最大的「超現實主張」關係非常好！
「超現實」的歌手，是我們公司音樂事業的主力！
喔…
剛剛那個小女生…不，那個小甜甜也是超現實的……
沒錯沒錯！
這位江藤是董事兼音樂事業部的部長
幫我把我負責的龐大業務，
平均地分配給製作人。
哪裡哪裡，不敢不敢…
…天啊！這種…似曾相似的感覺……？

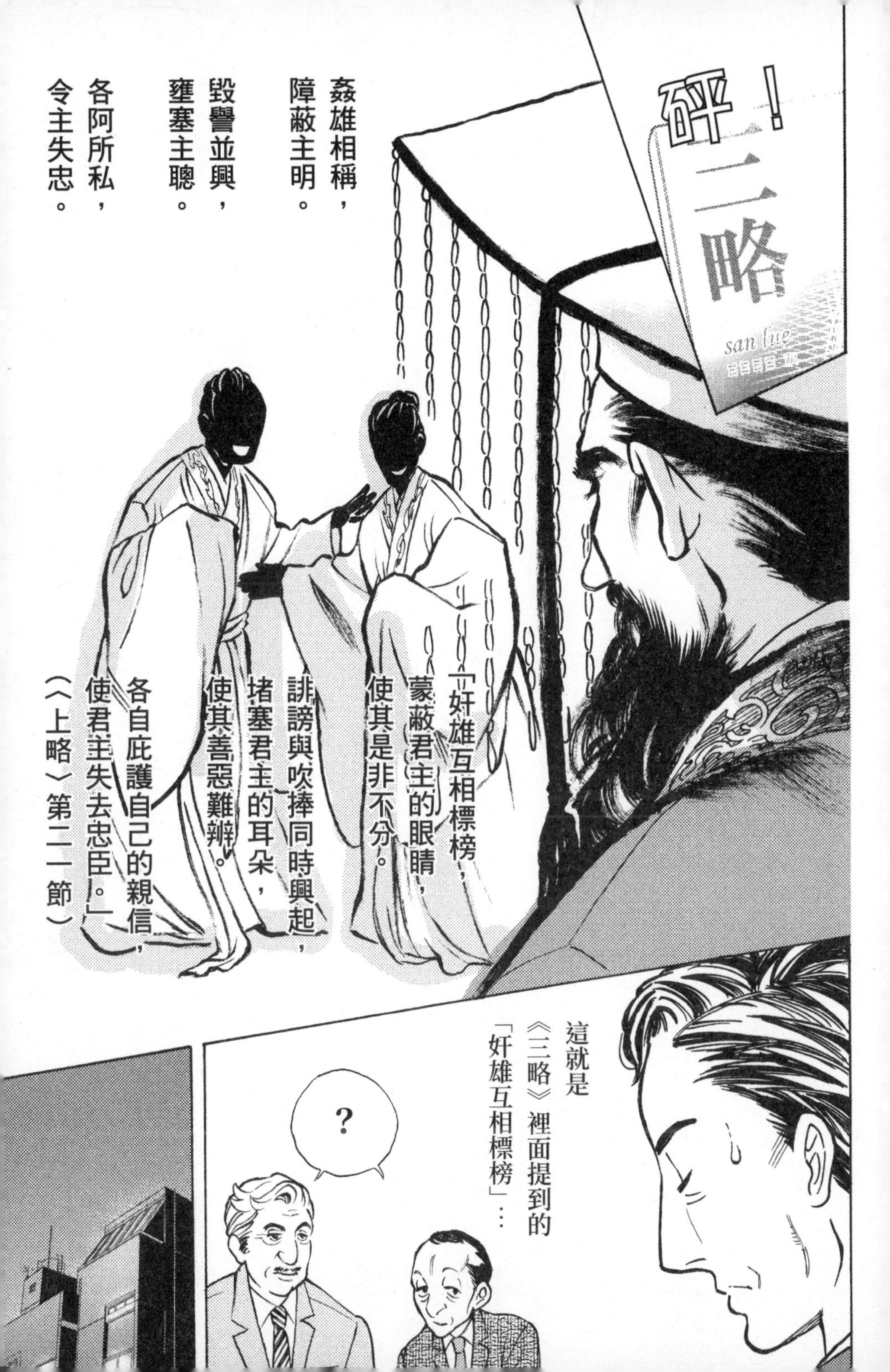
砰！
三略
san lue
姦雄相稱，障蔽主明。毀譽並興，壅塞主聽。各阿所私，令主失忠。
「奸雄互相標榜，蒙蔽君主的眼睛，使其是非不分。誹謗與吹捧同時興起，堵塞君主的耳朵，使其善惡難辨。各自庇護自己的親信，使君主失去忠臣。」
（〈上略〉第二一節）
這就是《三略》裡面提到的「奸雄互相標榜」⋯
？

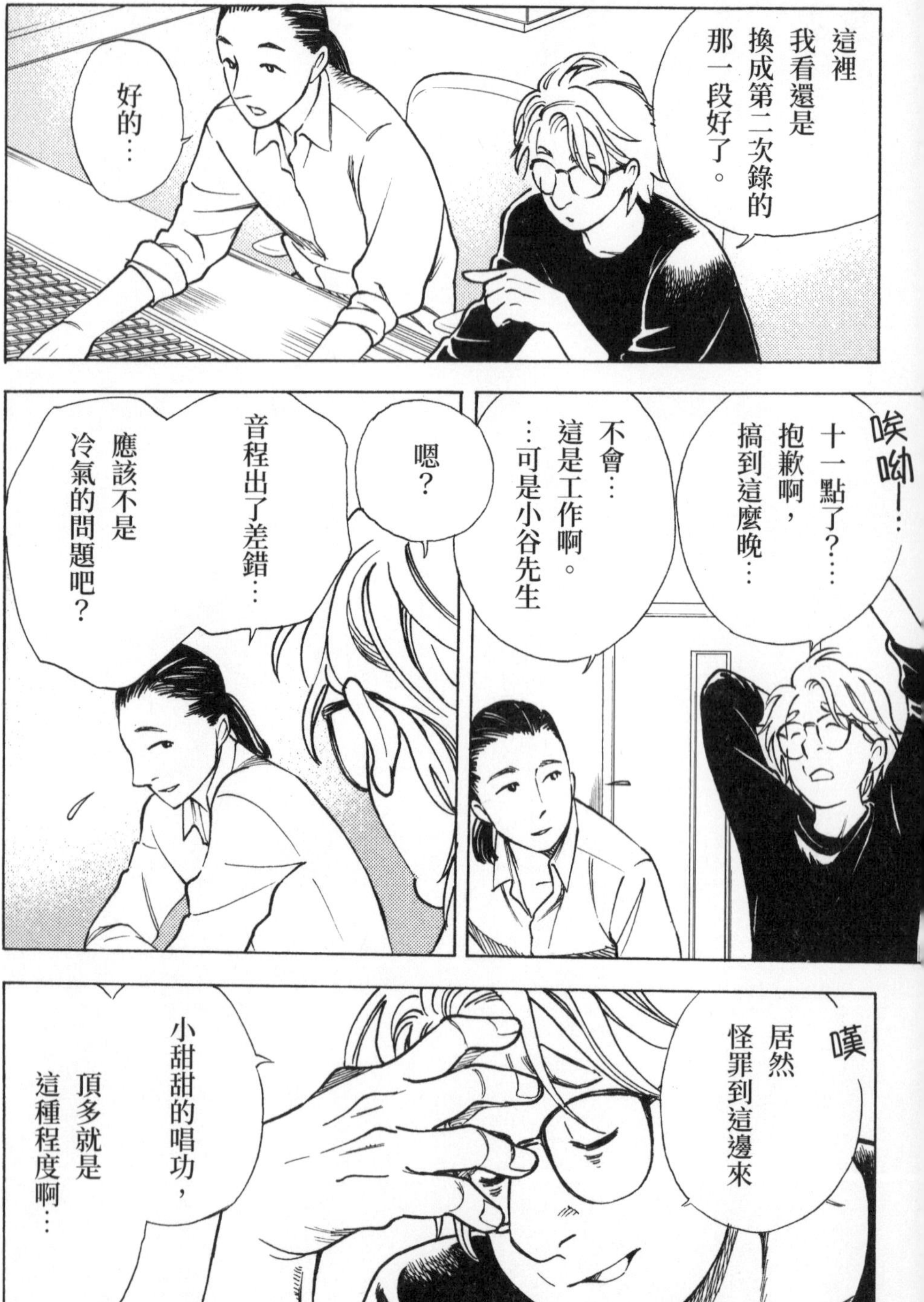
這裡我看還是換成第二次錄的那一段好了。
好的…
唉呦—…
十一點了？…抱歉啊，搞到這麼晚…
不會…這是工作啊。…可是小谷先生
嗯？
音程出了差錯…應該不是冷氣的問題吧？
嘆
居然怪罪到這邊來
小甜甜的唱功，頂多就是這種程度啊…

咦！
我想來學習。請讓我參觀一下好嗎？
你是…
社長…?!
抱歉啊…今天早上打擾到你了。
不…沒這回事。

呃…關於超現實…
喔…我們的音樂事業部有差不多七成業績，都是靠超現實主張的藝人在支撐。
從什麼時候開始的？
已經超過十年了……他們和甲坂專務關係非常好。所以…
沒辦法啊…
沒辦法？這樣聽來，你不喜歡和超現實合作？
其實……
超現實…幾乎不會把能賣錢的送到我們這邊來，

都是一些被別家公司拒絕的企畫啦、難搞的藝人啦…
老是硬塞一些有問題的過來。
我們公司就像打雜的，或者說是垃圾桶……
嗯——小谷，你不認為自己做的東西能夠「賣」得出去，是嗎？
……
如果是的話，你應該自己去想一些不一樣的東西。
做出會「賣」的作品才對不是嗎？

超現實的案子…姑且不談品質，數量倒是很多。夠我們忙的呢…
你覺得這樣很好？
…我不覺得很好
但也沒辦法不聽上面的話，所以…
是因為甲坂專務當年捧紅了很多樂團，做得很成功？
噗！
…怎麼了？

對不起
可是…那個人並沒有你說的那樣做得很成功。
咦?!
甲坂先生會把別人做的事，說得好像是自己的功勞一樣。
從以前就會對上司吹牛。把別人的成績，當作自己的表現…
……
真的？

對不起，這話請別說出去。
話說回來…就是這樣才能有出頭天吧。
因為甲坂先生的關係，好幾位有才華的前輩都離職了……
喔……！
果然，那兩個傢伙……!!
我之前待的那家公司，也有這種人呢。
拍拍——

所以！你不能被這種人打敗，應該去做自己想做的事！
你不甘於目前的狀態，
這表示你還是有心要做出暢銷作品吧？
我不懂現在的音樂。
但我明白想認真做出暢銷作品的心情！

嗚呼…
簌簌
怎…怎麼了?
社、社長……
你真的是我們公司的社長吧?!
咻
咻
?!
社長，你比甲坂專務更厲害吧?!
這…唉呀……
太太太…
太棒了啊!!
棒透了啊!
是喔……
原來之前的社長，都是為了領第二次退職金來這裡掛名而已…

佞臣在上，一軍皆訟。
理當如此……！
「奸佞之徒當權，全軍上下皆會憤憤不平。」
（〈上略〉第二一節）
有惡劣的上司存在，下屬就會心生不滿。
果然沒錯……!!

不是員工沒有霸氣！
而是有人奪走了他們的霸氣……!!
其實有些樂團非常棒！
很受青少年的支持還超會唱！
他們也有意加入唱片公司正式出道
我想要幫助這些人！
……
……
幫他們找回幹勁!!
這就是——我擔任希望唱片公司社長應該做的事!!

第三章 「仁賢之智，聖明之慮」

「賢臣的睿智，君主的遠慮」（〈上略〉第一六節）

我就知道您會過來。
我是會計部長北村。
抱歉不請自來。
是社長
有什麼事啊
哪裡…
請問有何貴事？
我希望，音樂事業部有部分預算由社長親自裁決。
…您的意思是？

我想有個社長直屬事業由我直接撥預算給下屬！
蛤？
而不透過目前的音樂事業部
八田
甲坂
江藤
音樂事業部
下屬
下屬
下屬
下屬
對於我認可的企畫案，
我要直接撥預算給負責的人！
…董事會知道這件事了嗎？
不，他們不知道。
……
喀啦

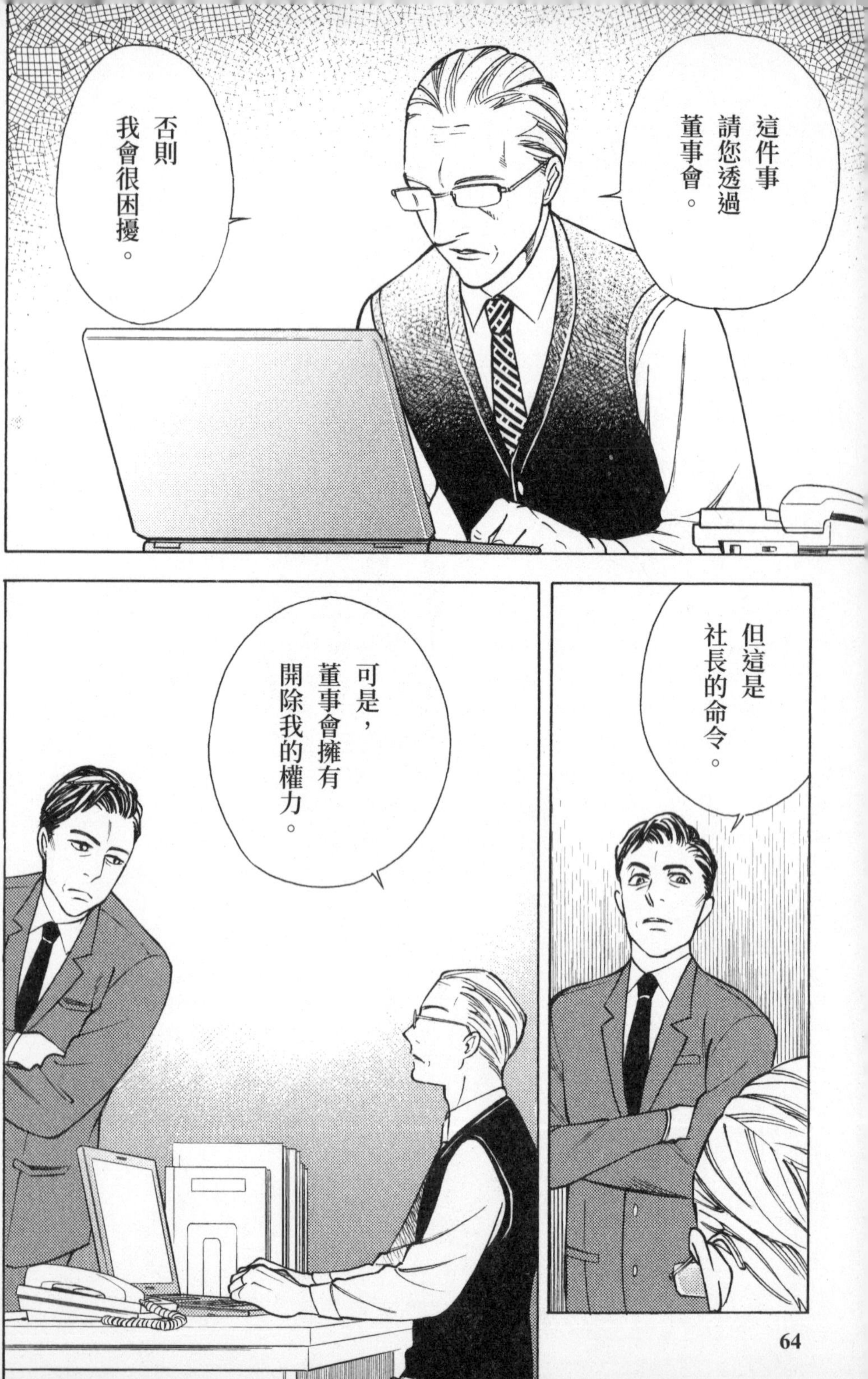
這件事請您透過董事會。
否則我會很困擾。
但這是社長的命令。
可是，董事會擁有開除我的權力。

……
……
雖然
我不知道
他在想什麼……
但感覺上
這個人
挺有眼力的……
知道了
我就不給你
惹麻煩了。
……

各位同仁：
今天起，我將成立「社長直屬事業」。
各位若有想實現的企畫案，
可以直接將內容寄給我。
社長室
PRESIDENT
我會進行審核，
只要通過認可，
就會撥出預算。
董事長兼社長
八田英明
專注
夫主將之法，
務攬英雄之心，
賞祿有功，
通志於眾。
（〈上略〉第一節）
擔任主將的方法，
就是努力贏得英雄豪傑的忠心，
確實犒賞有功之人，
令眾人明白自己的意志！

若要如此
就得必須先⋯
傳送（S）
確實知道
員工想做的事情
才能成功！
按下
去吧!!!
社長寄來的?!
不會吧?!
!?
咦?

咚！咚！咚
社長～～～!!
怎麼啦？江藤先生
那、那、那封信是…?!
信？
那封「社長直屬事業」的信！
喔——如果你有企畫案的話，我很願意聽喔！
不是！
事業部的預算，每年度都會徵得董事會的同意，……所以那個…

那個…哪個？
我的意思是如果要這麼做卻不先經過董事會的話…
公司的管理就會亂掉！
…管理？
對！
緊張
你是指誰的管理會亂掉？
現在社長是我，你有意見嗎？
!!

呃…
不…
那…
抱歉，打擾了～～～!!
砰—
哼
叩叩
又有客人來了嗎？
請進！
打擾了！
果然…來了……
啊，甲坂專務你來的正好，
我正在想，音樂事業部的預算有一部分要納入社長的直屬範圍內！

關於這件事，社長…
那些預算都已經分配給各部門了，因此不可能！
我想只要少一點超現實的歌手，
就能擠出預算了。不是嗎？
啊？
社長…我已經跟您報告過了吧？超現實是本公司最大的客戶。
您的想法是不可行的！

可是，他們賣得並不好！
我查過了，在其他唱片公司賣得好的超現實歌手，多得是！
為什麼就我們公司的不賣？
是那些超現實歌手不行？
還是我們的同仁不行?!
……您說的沒錯，社長…
敲敲
敲敲

就是因為我和超現實的關係良好，才能維持合作、撐住公司的業績。
遺憾的是，公司同仁能力太差，實在沒辦法！
…你說什麼?!
希望唱片和首都電機不一樣！
不是每位員工都是菁英！

說什麼鬼話!!
首都電機裡面根本沒有菁英!!
有的只是會賺錢的傢伙和不會賺錢的傢伙！
甲坂先生，我想讓公司賺大錢！
你把你曾經栽培出來的「大咖藝人」帶來！
!!
應該有一大堆吧?!

…………
看來，小谷的話是真的囉…
那個人並沒有你說的那樣做得很成功
既然都沒賺錢，就必須有所改變！
總之，先從事業部撥一千萬預算過來！
這是社長命令
可以嗎？甲坂專務
……!!
你可以回去了

啪噠
呼——……
咔
將謀欲密。
「將帥的計謀必須隱密。」
（〈上略〉第一七節）
我真沒用……
就算勇敢站出來了還是忍不住擔心……

數日後
…超現實送的？
是的，指名要送給社長。
高級手錶……
要一百萬日圓吧……
GMT-MASTER II
28
看來，甲坂跟超現實說了什麼吧……
你可以走了
是
……

貪財，
則奸不禁。
「將帥貪圖錢財，
奸細就無法禁絕。」
（〈上略〉第一六節）
…《三略》的戒律中
就曾經寫到！
「貪財，
則奸不禁。」！
則眾離心；
將帥相信纏言，眾人就會離
貪財，則奸不禁；
將帥貪圖錢財，奸細就無法
內顧，則士卒淫。
將帥迷戀妻妾，士卒就會沉
想用這種東西
收買我，
你們想得美！
——我想與您以
對等方式往來，
因此，謹以同樣的
物品相贈。
總務課嗎？
不好意思
幫我送個急件

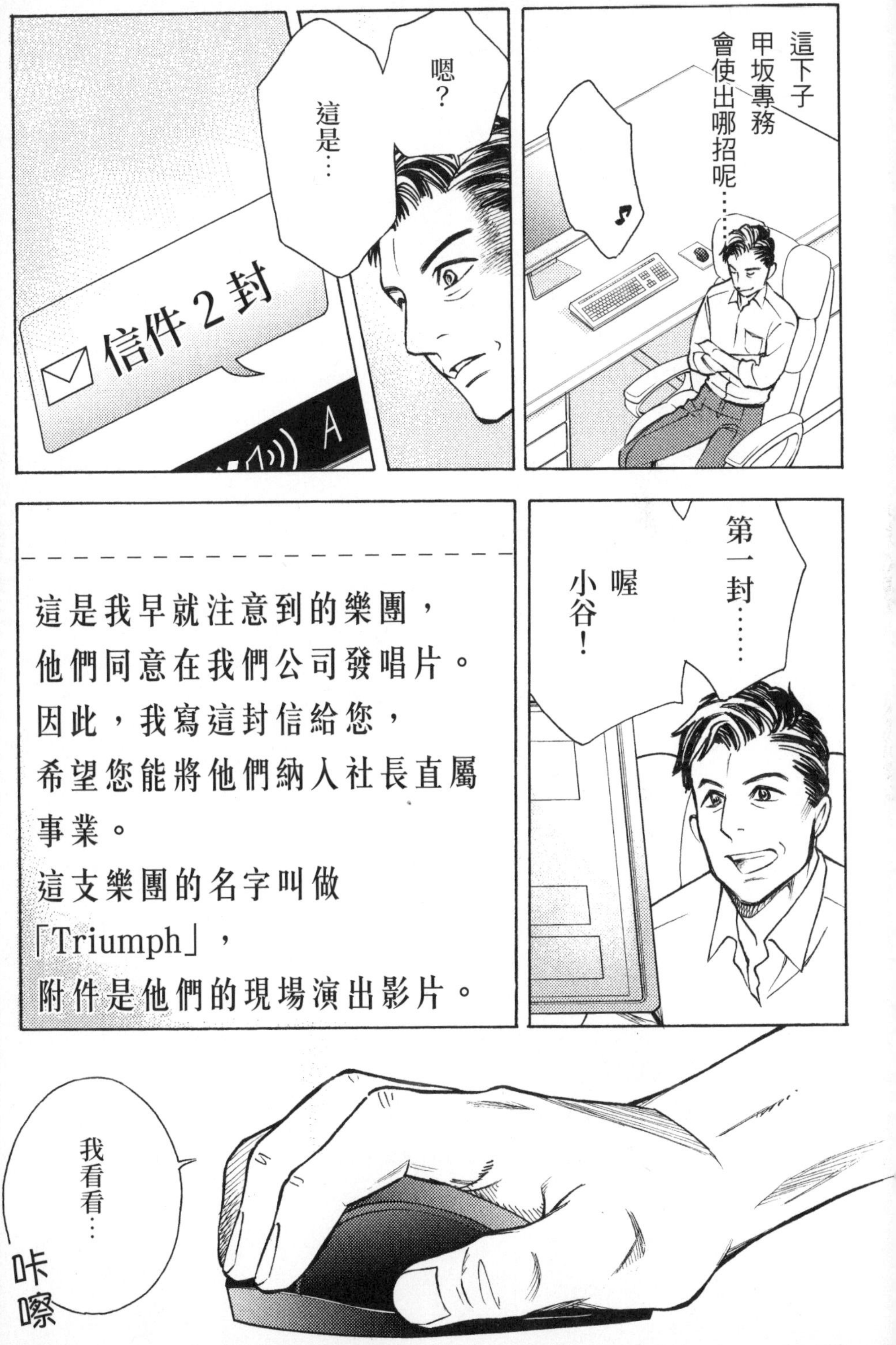
這下子甲坂專務會使出哪招呢……
♪
嗯？
這是…
信件2封
A
第一封……
喔 小谷！
這是我早就注意到的樂團，
他們同意在我們公司發唱片。
因此，我寫這封信給您，
希望您能將他們納入社長直屬事業。
這支樂團的名字叫做
「Triumph」，
附件是他們的現場演出影片。
我看看…
咔嚓

嗯…
雖然我不懂
他們唱得
好或不好…
但是
完全感受得到
那股幹勁！
先撥給你
預算五百萬
加油！
喀噠
第二封…
牧口…？
我沒見過
這名字吧
………
from
牧口小太郎
xxx. animat
嗯

魔法少女
牛奶百花香
我要把你從一隻小蝦米
變成一條大鯨魚！
???
我是動畫事業部的牧口。
關於附在為慶祝播出十五周年而製作的
高人氣動畫「牛奶★百花香」
角色歌BOX裡的特典，
是根據粉絲專頁
「牛奶★粉絲」上的討論，
製作成各角色人物的角色歌
好…
好難懂
的信啊…

三略
san lue
仁賢之智，聖明之慮，負薪之言，廊廟之語，興衰之事，將所宜聞。
「舉凡賢臣的睿智，君主的遠慮，民眾的議論，官員的意見，以及天下興衰的往事，都是將帥應當了解的。」
（〈上略〉第一六節）
這個人好像知道一些我不知道的事……!!
我要把你從一隻小蝦米變成一條大鯨魚!
去傾聽賢臣的睿智吧！
鬥志燃燒

ビリビリ
動畫
事業部
社長，
初次見面
我是牧口。
啊～～
你看到
我的信了？
唰
唰
啊…啊啊
我想聽聽
你的想法…
是嗎？
請坐!!請坐!!
……
這邊請
是這樣的，
有個叫做
《牛奶★百花香》
的動畫…

這是
人物角色畫冊
關於
我信上的內容
手舞
足蹈
滔滔
不絕
嘰喳
角色歌
VOCALOID
合作動畫
DVD 特典
周邊商品
公仔
嘰哩
呱啦
嘰喳
萌～
etc.
知道了知道了！
不，我不是很懂
但是，我知道了！
就做
你喜歡做的！
交給我吧！
我看中的企畫
沒有一個
不命中的！
敬請期待!!

唉呀呀…
沒想到他這麼厲害……
「OVA動畫DVD銷售量」
第2名《神森的危機》
第5名《Next Dragon》
第6名《東京TOMMY》
牧口去年的作品……
「動畫音樂CD銷售量」
第3名《牛奶★百花香 最佳金曲 Love III》
第4名《那一年暑假》
第7名《學園Majokko Club》
好厲害啊！
動畫事業部的營收幾乎都是這傢伙賺的!!
撥給他五百萬吧…
對音樂、對二次元美少女我都是個門外漢！
我要相信這些賢臣的睿智!!

其他人也一定會來！下一個小谷、牧口……！
噠噠噠
噠噠
答答
…可惡，錢不夠！
還有沒有哪筆費用可以再減少一些的…
嗯？
什麼…？
這些錢的支出…?!

第四章「士眾欲一」
「（將帥的計謀要隱密，）軍隊的成員要同心。」
（〈上略〉第一七節）
……
都已經七點了…這時間還過來有什麼事嗎？
我在等下屬下班。

…那
有何貴事？
噠噠
答
我為了擠出預算
看了一下經費資料，
發現音樂事業部的
公關費，
高得離譜！
明明沒賺錢，
一個月卻
超過一千萬！
明顯異常！
ピクッ
前幾天，
我跟甲坂提到
要減少和
超現實的合作，
結果
超現實就送來
一只要價一百萬的
高級手錶。
！
我馬上叫人
把錶送回去了！
總之，
我要知道
我們公司和超現實
到底是怎樣的關係！

既然是社長的命令……我只好勉強從命了。
啪
幹嘛這麼愛計較！
「勉強」是很重要的。因為這關係到我的死活。
咔嗦
沙沙
沙
這些是外面送來的請款單。
啪噠
…什麼？
這種花錢方法?!

銀座
六本木…
築地的
高級餐廳…
除非是
口袋很深的
有錢人，
否則這種地方
哪是一個月
可以去好幾次的！
領収証
株式会社 ホープレコード 御中
¥70,000
¥56,000—
¥114,000—
上記正に領収いたしました
神楽坂割烹
四季亭
¥83,000—
銀座クラブ
に一ちえ
請求書
御請求金額 ¥216,000— 円
懐石料理 石清水
東京都新宿区××××
批准人是…
出金伝票 No.
××年×月×日
捺印
江藤
江藤…!!
──呃…
有件事
我想問問
你…

在這家
銀座的俱樂部
當天是招待誰？
我們公司有誰在場？
是你嗎？
不…不是…
這個嘛
印象中好像是…
啊…
是山田製作人！
嘟嘟嘟
喂，我是社長
八田。
音樂事業部的
山田在嗎？
!?
……
喔
這樣啊…
知道了。
謝謝！
嗯哼
他們說
這天山田
出差去了！

不⋯這個⋯
呃⋯⋯
我記得是別的⋯
⋯⋯
沒時間了下一個！
築地的高級餐廳「銀田中」
在這裡，同一個月竟然招待了三次！
這是招待誰？
在場的又是誰？

沈默
ビクッ
江藤董事，關於這高達一千萬的公關費用，到底是招待誰、現場有誰在，你都說不出個所以然來。
換句話說，這是一筆「用途不明款項」！
你不是背信，就是有詐欺之嫌！
關於這些公關費用，請你把你知道的全都告訴我！
嗯
……

或者，你要我
現在就打電話給
顧問律師？
!!
我什麼都不知道
我什麼都
不知道啊!!

我沒問清楚，就批准這些傳票，真的很對不起。
以後絕不會再發生這種事情了……!!
你犯下的錯，夠我炒你魷魚了。
你懂嗎？
對不起！對不起！
無論如何這次請您饒了我吧!!

……這個人
肯定知道
什麼內情……
但是
他不能說。
他在怕誰？
想想……他也是個
可憐的傢伙……

東京メトロ
銀座駅
Ginza Sta.

有人在嗎？
來了
不好意思
我們六點才營業
所以…
喔不…
這是我的名片。
啊——
社長！
承蒙您的照顧。
其實，
我有事想拜託你們，
所以專程跑來這邊…
喔…？
我們公司
已經禁止員工
用賒帳的方式
來這裡消費！
喔？

今後
如果有客人表示，「帳單開給希望唱片」請你們加以拒絕。
如果帳單送到我們公司，我們也不會付款的。
這項請求都寫在這份請託書上了。
希望唱片
謹此請託
喔……
呼—！
大感謝祭
還有好多家啊……
表單
·銀座俱樂部 〒104-×
妮姊
·神樂坂割烹 〒162-×××
東京都港區
四季亭
·六本木 〒162-×××
東京都

看樣子，天黑前是結束不了的……
ROPPONG ROPPONGI
…所以說未來如果是希望唱片的職員，請當場跟他結帳…
啊──今天就有希望唱片的客人在場。
咦？
那邊就是………
ザワ
ザワ
ザワ

他們說自己是希望唱片的？
……是的
方便打擾一下嗎？
什麼事？
聽說這桌酒錢，是由希望唱片買單。
…是啊怎麼樣？

這是我的名片。
遞出
希望唱片 股份有限公司
H
董事長
八 田 英 明
〒101-XXXX 東京都
電話
FAX
e-mail
@hope-record.jp
希望的……社長?!
能不能請教各位的大名?
能不能跟你們請教一張名片呢?
呃……這……
東翻西找
請指教……
超現實……
果然……
超現實主張股份有限公司
中野 良夫
超現實主張股份有限公司
〒112-×××× 東京都
電話：(03)
e-mail：naka @ .jp
手機：

各位是超現實的人，卻花敝公司的錢消費喝酒⋯
這到底是怎麼回事能不能請各位說明一下？
不⋯這⋯希望的人等一下就來了⋯
啊？
喔⋯是敝公司的誰呢？他的名字是？
喂——別說了！
不好意思
到底怎麼回事？

該怎麼說…我們的前輩告訴我們可以這樣做的…
前輩？這麼說從很久以前就開始這樣了？
是的……
這是詐欺行為！
還有哪家店也是這樣？從實招來，才能明哲保身喔！
沈默
那麼，媽媽桑今後就拜託妳了
好…

啊——兩位！
冒冷汗
敝公司的錢是敝公司的錢，貴公司的錢是貴公司的錢——天經地義吧？
懂了嗎？
那個混帳超現實⋯太可惡了!!
對不起
希望唱片是一家專業唱片公司，竟把我們當肥羊宰！

哼——
一定要和超實現一刀兩斷！
絕不原諒!!
居酒屋 いろり庵
MATUMARU KIYOSI
コンタクト・メガネ
SmileSuitCompa
カメラ
RRRRRR
咔嚓
…是 我是甲坂。
!!

啊
一直承蒙
您的照顧…
…咦?!
啊……
不、不、不
這種事…
是！
今後請您繼續
多多關照！
咔嚓
…那個臨時調來的
雞婆社長！
我應該告訴過你
超現實是
我們很重要的客戶！
社長
你到底
幹了什麼好事?!

沒什麼
我只是告訴他們
酒錢請自己買單
為什麼我們要付錢
請超現實的人喝酒？
…你在說什麼？
超現實的人
用我們公關費的名目，
一個月喝掉好幾百萬。
……
不會吧！
但是
就算真有此事，
也一概
與我無關喔！
是嗎…
算了。
我只想跟超現實
討回之前幫他們
代付的錢而已，
我來跟會計部
說一聲…
按鍵

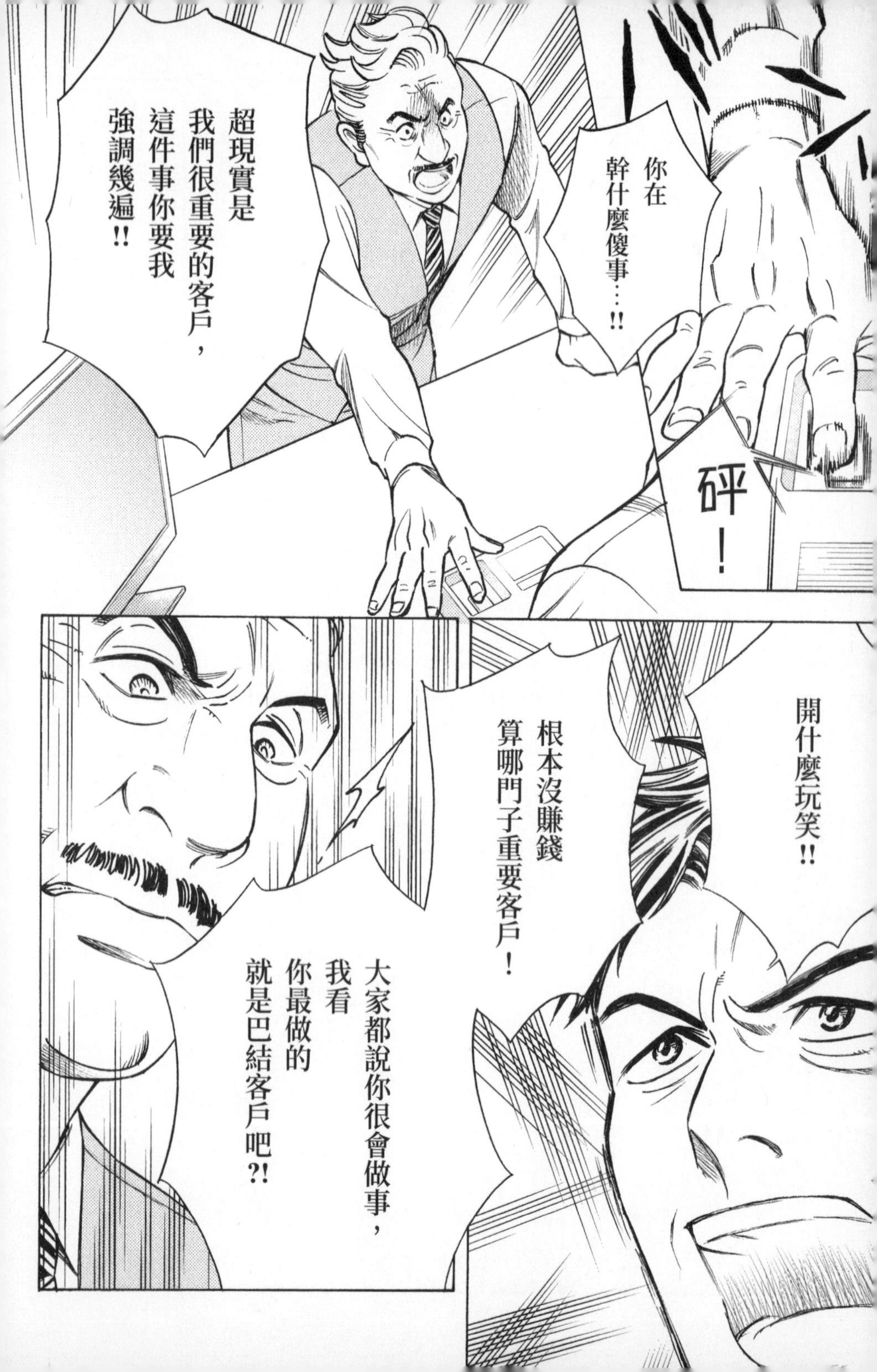
碎！
你在幹什麼傻事…!!
超現實是我們很重要的客戶，這件事你要我強調幾遍!!
開什麼玩笑!!
根本沒賺錢算哪門子重要客戶！
大家都說你很會做事，我看你最做的就是巴結客戶吧?!

社長——
你光會批評我們，
你自己還不是
一毛錢也沒賺到。
不是嗎？
什麼？
就算一事無成
你還是可以
溜回總公司
這種身分
真方便啊！
我是個
被總公司
拋棄的人……
……還是
別被這傢伙
看穿我的弱點才好……
哼——
哼——
哼——
……是
我是八田
咔嚓

社長！我是小谷!!
喔…我現在講話不太方便……
前幾天寄給您看的那支樂團，第一次登上Oricon公信榜就進入二十名了!!
什麼?!真的！
幸好是列入社長直屬事業，才能動得這麼快！
還會往上爬喔！肯定會的！
太棒了！
是啊！謝謝您！
宣傳部也會幫忙。我們的目標是最佳金曲前十名！

啊
加油！
有好消息
就通知我！
…………
掛斷
甲坂先生…
我們的同仁
很優秀喔！
是把他們當成
無能之輩的主管，
比較無能吧？
!!
我要再追加
社長直屬預算
一千萬！

砰——
呼…
翌日——
嗯…
………
………
……
社長
拜託你回去吧！大家都很困擾。
唉呀…可是…社長直屬事業傳來捷報了……
因為小谷成功了，是吧…這樣很好啊。
答答
答答答

可是
要是捷報連連，預算就不夠了。
你光坐在那裡，錢也不會從天下掉下來。
超現實的經費已經刪到不能再刪了……又沒有其他增加收入的目標……
嗯……
錢……
錢……
錢……
社長室
嗯？
牧口？
啊……
嗚
嗚

怎…怎麼了?!
社長~~~
救命啊~~~!!
嗚啊——
がしっ
先…先進去再說!
快!快!
…原來如此。也就是說你最喜歡的漫畫,正在改拍成動畫電影…
可是眼看就快完成,原本的贊助商卻說話不算話。
是的……

這件事…有什麼問題嗎？
…你看這個…
嗚
陶王工業縮小規模
退出娛樂產業
原來如此…退出…這種事常有啊……
所以如果找不到贊助商…
難得一見的曠世鉅作就要泡湯了……
都還沒做出來，你怎麼知道是曠世鉅作？
肯定是曠世鉅作，絕對錯不了!!

你看看這個…
這是導演用群眾募資的方式，籌募資金做出來的試播版。
就是因為做得很棒，大家才會出錢……
……
現在發生這種事，電影院的檔期也沒辦法敲定……
仁賢之智…將所宜聞…

牧口……
有…？
你把來龍去脈仔細說給我聽！
……八田？
喂
島原？好久不見！
嗨！你好嗎？八田！

哦…其實我有點事想拜託你…
怎麼了？有什麼事儘管說！
《在你世界的對面》這部漫畫你聽說過嗎？
我不知道吔……
在你世界的對面1
這樣啊其實我也不是很清楚…
島原…
能不能請你
借五億日圓給希望唱片？

翌日——
咦?!
要借五億?!
沒錯！我要拿這筆錢投資在動畫電影和它的ＤＶＤ以及電視系列的製作上！
你瘋了嗎?!
雖然是向母公司首都電機借的錢，但也不可能不計算利息。
～～～～～～

…要是錢收不回來…你做何打算?!
要是沒辦法回本我會全權負責!
你就算不幹了,也能拍拍屁股回總公司!
勃然大怒
可是我…我們的同仁該麼辦?!
假裝一副正義凜然的模樣其實內心是在問『我該怎麼辦』吧!

我不會逃避！
而且
東西會不會賣錢
我自能分辨。
DVD版權也
已經到手，
成功的話
將會大賺一筆！
可是
沒人保證
會成功！
到哪裡去找
保證會成功的工作!!
不論什麼工作，
最後都是一場
賭注!!

…………
正好我就把話挑明了說
首都電機可是冷酷無情的！
業績再這麼差的話，二年之後，就會讓這家公司倒閉或是把它賣掉。
上面告訴我這些之後，就要我來這裡擔任社長！
不安
再不想辦法改變這家公司，鐵定被消滅！
你們願意走到這一天嗎?!

靜默……
這件事由我全權處理。
就這樣！
咚咚咚咚咚
咔嚓
砰！
嗚~~……
——好痛！

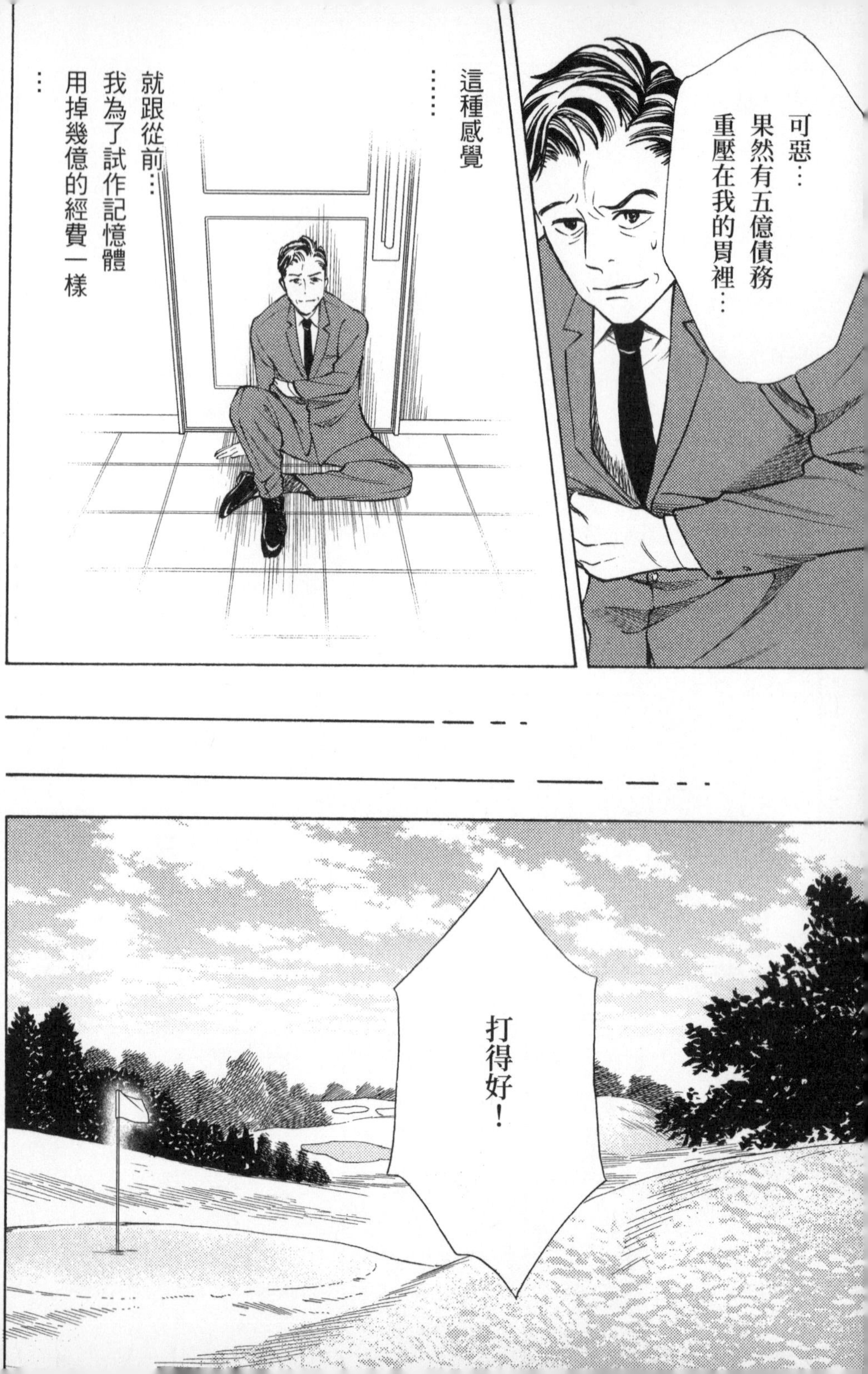
可惡⋯
果然有五億債務
重壓在我的胃裡⋯
這種感覺
⋯⋯
就跟從前⋯
我為了試作記憶體
用掉幾億的經費一樣
⋯
打得好！

不愧是剛原社長！
漂亮地打進球道了！
馬馬虎虎啦…
功力依然爐火純青。真叫人羨慕啊，剛原社長。
你真會講話啊，甲坂。…哈哈哈！
希望唱片
高爾夫競賽頒獎典禮
今天的希望唱片高爾夫邀請賽冠軍是…
啪
啪
超現實主張剛原恭二社長!!
啪
啪

恭喜恭喜～～～!!
哈哈哈…
……
唉來過好幾次了，每次都還是覺得專務您的別墅，真是太棒了呀～～

真是的…今天為了討超現實的歡心，可把我累死了……
沙沙沙
你看！陰險的董事會就要開始了！
啊～…是啊…
碎
當前的重點只有一個！
趕走八田!!
!!

驚
啊？
恐
我想在下個董事會上，提出臨時動議解聘社長…
有沒有什麼把柄能夠取得總公司認同的？
……
我現在就打電話給顧問律師？
撲通
撲通
在那個社長面前…這種事做得成嗎…

舉手
我要提案解聘社長！
狠瞪
犀利
這……
怎麼樣？
如果大家達成共識的話……
…呃
…恕我直言專務…
嗯？

那個社長過去在首都電機好像很出風頭喔……
恐怕不好對付…
我還聽到許多關於他的傳聞……
…傳聞？
…是嗎？傳聞…嗎？
啊…？
原來如此…

一週後
《在你世界的對面》出資契約發表會
在你世界的對面
謝謝你！希望唱片真是我的救命之神。
彼此彼此，我們都很期待你的傑作喔！導演！
嗚…社長是神〜〜〜
感動…
在你世界的對面 1

你拿到作者的簽名了吧！
是啊好幸福喔~~~
RRR
RRR
……島原？
喂…
八田嗎？
最近到處在傳一些很奇怪的謠言…你還好嗎？
…謠言？
只要上社群網站就會看到。大家在說希望唱片的…應該說是在說你的壞話…
什麼?!
滑動
booble.co.jp
すべて 画像
Booble

道：H唱片社長
：匿名 201X/10/10 ID:ioivrwa
說每天都在幹譙員工，大發神經
2 匿名 201X/10/10 ID:voihaj4o
有消息傳出，他曾對來錄音的歌手伸出鹹豬手
83 匿名 201X/10/10 ID:syutihj
那傢伙夜夜笙歌，卻都不招待客戶，搞得人家很火大
84 匿名 201X/10/10 ID:3b20jb
胡亂經營一通，終於搞到向母公司借錢

【H唱片社長的匯整】

一部清流原著，
竟然由一家骯髒的公司出資拍成動畫？!

社群網站上，出現疑似該公司職員的告發文，於是，關於「H唱片社長」的討論正在蔓延中。從職權騷擾、性騷擾，到胡亂經營，網路上的討論內容匯整如下。

經紀人 @manager01
我是經紀公司的經紀人，跟我們合作的唱片公司中，有個社長會對歌手毛手毛腳。H唱片雖然是老字號了，但他們母公司派了一個叫H的大肥貓來。大公司的傲慢整個暴露無遺。

母蘿 @babumi
現在最該被攻擊的，就是H唱片了吧？ #職權騷擾

普通職員 @hirashine
從母公司派來的肥貓社長，哪裡知道民間疾苦 #H唱片 #職權騷擾

喜歡原著 @gensakusuki
我們的《在你世界的對面》竟然是那家爛公司出錢的，真是有夠爛 #H唱片

新人歌手 @shinjinkashu
我每次去錄音時，H社長都會在那裡等著，不是摸臀就是襲胸。我雖然很小咖，但也有人權啊！（怒）

啊…你是八田社長吧？我是某某周刊…
…牧口 你先走！
是…
我想請教你跟超現實之間的關係…
超現實？
你跟超現實主張的藝人之間是怎樣的關係？
毫無事實根據的謠言，我一概不回應！
ウィーン
你對超現實歌手的性騷擾…
連媒體都動員起來?!

動畫事業部
啊…牧口先生剛剛好多電話打來問《在你世界~》
真的嗎?
RRR
是啊是啊全部都是胡說八道!
真的!
是的!所以網路上那些謠言…
RRR
混帳怎會這樣……
謠言擴散的速度總是比事實快上好幾倍…
RRR
到底怎麼回事…為什麼會有這種謠言散播開來?!
這樣下去恐怕會波及到好不容易完成的電影……

叮鈴——鈴
喂……
這裡是總務課
嗯……媒體那邊全都幫我擋下來了吧？
是的全都擋下來了……
只是現在有一通找您的電話……
是首都電機的高橋先生打來的。
!!
八田嗎？
好多電話打來我們首都電機抗議，真是傷腦筋啊～～～
明天你得來我們董事會進行說明
……知道了……

惹出這些事的
是甲坂那幫人？
還是超現實？
或者是兩邊聯手？
可是…
我又沒證據
……!!
翌日——
引擎發動
被叫回
總公司去了？
……
駛離
順利的話
……
就能逼他
引咎辭職了……
哼……

首都電機
董事會議室
好久不見
八田。
那…就聽聽
你的說法吧
我們會視狀況
追究你的責任！
哼
………
請等一下!!
啪噠！
島原…!!

我想大家都聽過「假新聞」這三個字吧？
這起事件肯定是有人為了阻撓希望唱片的業務，
而放出假新聞。這種嫌疑非常大！
可是這件事確實已經傷害了公司的名譽！
而且就在公司剛才融資五億的時刻!!
傷害公司名譽的不是八田，是散布謠言的有心人！
請大家不要把被害者和加害者混為一談!!

答答答……
總之，
融資撤回這件事
已經閃過了。
我知道你很辛苦，
加油。
島原
謝了
島原……
咻
北村…
我在等您
社長

會計部
請您過目
這是前幾天送到音樂事業部的請款單。
「流言ＰＲ股份有限公司」……
…這是？
我查過了。這家公司專門承包一些利用社群網路來進行宣傳的業務。
要付給這家公司三百萬日圓…批准人是江藤…！
不會吧…
送來的那天就是謠言開始中傷那一天，時間上完全吻合。
!!

金錢的流向有憑有據，
要告他毀謗的話
應該告得贏才對…
出金伝票
江藤
(株)りゅーけんPR
合 計
呼——……
果然是江藤…
……謝了北村

咔嚓
我還有個東西要請您過目。
這些是過去五年來，我們公司疑似假出差、假招待的傳票。
關於假出差，我向上面記載的住宿地點查證過了……
遞交
確定查無住宿紀錄。

這家公司一共有二百名員工。
大約一成…
也就是二十個人左右，會利用不當手法貪污。
他們全是和甲坂、江藤同夥的人。
這家公司已經腐敗了！
我一直有點懷疑…但江藤董事都認可了，
我沒有理由不讓傳票過關…真的很對不起。

…請你抬起頭來，
現在你能告訴我這些就已經夠了。
……喔
北村傳票的批准人幾乎都是江藤！
但有一部分金額較大的，
是甲坂自己批准的，
甲坂涉入的可能性很高啊……
是……

這是公司有關福利方面的文件。
甲坂專務從他在音樂事業部的時代起，好幾次為了買不動產，利用公司的融資制度借錢…
而且都很快就還清了。
也就是說他的資金周轉非常好…
…怎麼看都覺得裡面有問題……
如果能逮到證據，搞不好就能合法地扳倒甲坂。

是的…
可是
目前知道的
就只有這些。
…好的
我們就用這些資料
想辦法試試看吧！
伸出
緊握
話說回來…
為什麼這時候
你要拿這些資料
給我？

這時候……
要是沒有您，我們就慘了。
!?
您知道「最終剪輯」這支樂團嗎？
他們這麼有名，我當然知道。
我記得他們還曾經登上美國的搖滾殿堂……
我女兒也有他們的CD呢！
二十年前他們的首張專輯
就是在我們希望唱片錄的……

咦?!
製作人就是我……
…可是他們不屑超現實的邀請，和其他經紀公司簽約…
於是那張專輯，就被打入冷宮。
他們竟敢拒絕超現實的邀請！
這種不知好歹的傢伙，別想要我們為他們出唱片！
當時甲坂先生擔任音樂事業部的部長，就是他下的命令…

後來「最終剪輯」爆紅，我就被踢到完全不相干的會計部了。
他們把「最終剪輯」跳槽跑去別家公司的責任算在我頭上……
這次的造謠事件，我很快就知道是誰搞的鬼。
聽說就是那傢伙惹惱了「最終剪輯」才會簽約簽不成！
真的假的？爛人──
因為手法一模一樣……
…太過分了
可是像你這樣能幹的人，為什麼不乾脆離職？
…因為我只是個普通上班族…
而且…那時候我的雙胞胎女兒才剛出生。

但是…現在我女兒已經長大成人了…
…而我一直在等，
等待有一天，能夠在社長這樣的人底下做事。
…………
啪！

君用佞人，必受禍殃。
《上略》第二一節）
君主任用奸佞之人，國家必定遭受禍殃！
破壞公司的壞蛋，就會破壞同仁的人生！
就算沒有證據……
也不能再將這些壞蛋留在公司!!

數日後
會議室——
發抖
發抖
發抖
發抖
——以上就是過去五年來，發生的假出差和假招待，以及……
這些天來不斷對本公司毀謗中傷，並引起社會軒然大波的真正原因！
這些文件的正本全都放在顧問律師事務所那裡了！
我正在研究先提出民事！接著是刑事告訴！
你們有什麼話要說的?!

包括拿了三百萬散播假新聞的「流言ＰＲ」
!
我會提出毀謗告訴！
當然，請他們做這件事的人我也會一併提告!!
對不起！
ガタタ
請您原諒!!

我、我…
我老家的老母親
長期住在安養院裡…
無論如何
無論如何
請您千萬別
送我去坐牢啊~~~!!
不用說——
你們全都不能再
待在公司了!
不過!
我讓你們
選擇離開的方式!
?

我立刻開除你們，卻留下最可惡的魔頭
這樣沒有意義。
最可惡的…魔頭…？
就是今天出差去的…
甲坂專務！
呃
對甲坂專務來說，你們不過是蜥蜴的尾巴。
甲坂就是這種無情無義的人！
如果你們能幫我，把這個大魔頭趕出公司，
我就不提出告訴。我會辭退你們，也會給你們退職金！

如果你們敬酒不吃吃罰酒，那就去蹲大牢吧！
啊～～我照辦！
你說什麼我都照辦。
呃……
怎麼樣？江藤先生？
你說的幫忙……要怎麼做……
你們這些……破壞公司、破壞別人人生的人我絕不原諒。
但是如果能幫忙拯救這家公司，我就饒了你們！

拯救……公司……？
在下次的董事會上開除甲坂專務！
啊？!

請你提出臨時動議，要求開除甲坂專務。
當然我也會投下贊成票。
這、這…這太難了！
江藤先生
甲坂是為了掩飾自己幹的壞事，才把你一直帶在身邊。
你是犯罪者，但也是個被人利用的可憐蟲。
請你親手
幹掉利用你的大魔頭來贖罪吧!!

請你意志堅定，不要再當犯人的幫凶！
這樣你才能將功贖罪！
接下來的人生才能不再可恥，作一個堂堂正正的人!!
堂堂正正的人…
不再可恥…
堂堂正正的人…
………

將謀欲密，
士眾欲一，
攻敵欲疾。
（《上略》第一七節）
「將帥的計謀要隱密，
軍隊的成員要同心，
攻擊敵人要能迅速快捷。」
可是……
士眾尚未一心……
RRRR
RRR…

RRRR
啊，社長辛苦了。
喔——你那邊情況怎樣？
正要開始
…那江藤先生他們？
不動産
我已經對他們曉以大義了！
這樣啊…真的沒問題嗎？
我已經給江藤他們將功贖罪的機會。
之後就看他們自己了。
您的用心我明白…但何必對他們這麼好？

我認為，
他們打從心底
應該也想這麼做的。
「含氣之類，
咸願得其志。」*
…什麼？
你說什麼？
無論是誰
心中都藏著
明確的希望…
而且都想要
實現這個希望。
喔…
那麼
等一下
我再向您報告
咔

* 出自〈上略〉第一節。

不好意思
您好
那個山丘上的
別墅很漂亮，
我想買下來
…
能請教一下
屋主是誰嗎？
我從東京來
…
喔…
一個月後
《在你世界的對面》
試映會
小谷
主題曲
也很好聽呢！
嗚嗚
嗚…
是啊！

因為樂團成員都是原著的粉絲…
整個世界觀表現得相當好！
真是太棒了！
我都不知道說什麼了！謝謝你社長～
嗚嗚嗚嗚
哈哈哈
這部作品的確精彩得超乎想像…
可是……
其實…上映的電影院並不如我想像的那麼多…
原著的知名度不夠也有關係……

啊——上次那個造謠事件馬上就平息了並沒有受到影響！
只是…
這樣下去的話，票房可能會不如您的期待…
…唉呀 我不是說客套話，這部作品真的很棒，無論到哪裡都能夠大放異彩！
你能夠努力做到這樣，我要向你表達誠摯的謝意！
謝謝您！
要是票房失利，五億就收不回來了…

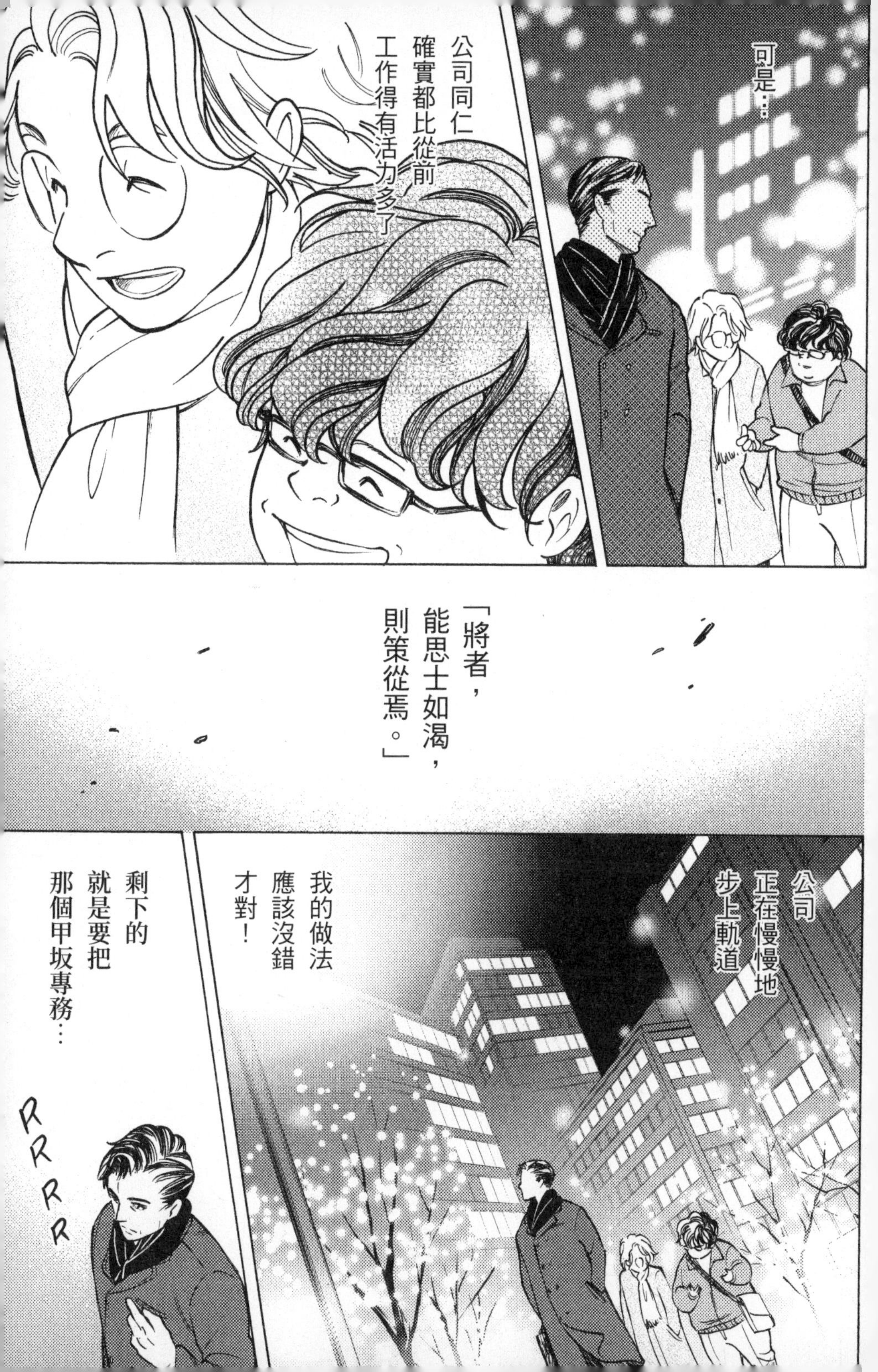
可是……
公司同仁確實都比從前工作得有活力多了
「將者，能思士如渴，則策從焉。」
公司正在慢慢地步上軌道
我的做法應該沒錯才對！
剩下的就是要把那個甲坂專務…
RRRR

江藤打來的？
出了什麼事嗎?!
喂！
江藤
來電中
080-8103-XXXX
接聽
明天的董事會議…
…開不成了！
什麼…
甲坂又使出什麼詭計了嗎?!
你說開不成是出了什麼事?!
……
不不是的……
現在…我們正在準備明天的董事會…
我們正在練習提議和起立…

可是
只要一想到甲坂先生的臉，
我們的身體就動彈不得…
極度無奈
我們全部到齊
一起演練…
但是
怎麼都做不好
……
無論如何
請你們努力
試試看。
是…
喔
知道了！
我馬上過去
你們在哪裡？

…那麼有沒有其他議題？
……
江藤先生！這時候你就要立刻提議！
是、是的對不起…
可是…我一想到甲坂專務就在我面前……
那再來一遍！
這樣下去今晚不可能回家了…
可是…要演好這場開除大戲，就不能讓甲坂有機可趁。
請練習到能夠不假思索身體自然動起來為止！
是
呃…咳咳！
再來！
…

翌日——
希望唱片
董事會
…從這件事
來看
音樂
事業部的…
版權
部門的…
……
……
那麼…
以上是
本月的收支狀況，
報告完畢。
!
……
點頭

不…
甲…
喀
咳
喀
！
你沒事吧江藤？
咳
ゲホ
不
咳咳
不好意…
咳咳
如果感冒了，還是請假休息比較好。
緊張
甲坂毫無警戒！現在正是機會！
那麼有沒有其他議題?!
冷汗直流

……
江藤先生！
你要提議嗎?!
快！拼了！
到底怎麼了？
糟了！

再這麼拖下去
會被發現的！
不……
啊…
啊……
可惡
實在沒辦法…
還是由我來
提議吧…！
敲
敲
抱歉
我是總務課的人
舉手
江藤董事
這個請您…
低語
低語
幹什麼？
正在開會中。

靜默
江藤先生…？
江藤先…
…我老家的母親
過世了…

九十歲…了…
這下…
已經…
每天
卑躬屈膝的
……
淨做
不法勾當的幫凶…
想盡辦法待在公司
……
可是…
老媽過世了…
已經
沒必要擔心
住安養院的錢了…
將來無論遇到什麼
你都
不能做丟臉的事，
要當個
堂堂正正的人喔！

剩下這幾年，
我要抬頭挺胸
作個堂堂正正的人！

砰
我提出臨時動議
開除甲坂專務!!
贊成!!!

贊成占多數
因此
通過臨時動議!!
啪
噠
抱歉!
我實在等不及
就先衝過來了
社長
請過目
喔…

甲坂專務！
不
甲坂前專務！
聽說
你在山梨的
那間別墅，
所有人是一家
「甲坂企畫」公司！
什麼…
驚訝
你透過這家
空殼公司，
從流向超現實的金錢中
賺取回扣。
我們調查過
「甲坂企畫」了，
我要提起刑事告訴，
控告你背信！

啪
怎麼會⋯
啪
啪
啪
天啊⋯
啪
啪
⋯⋯⋯⋯
咔嚓
江藤先生！

家母在鄉下等我
所以……
謝謝你了……
不論是誰，
心中都藏著
明確的希望，
而且都想要
實現這個希望……
吧……

六個月後——
人聲嘈雜
希望唱片新企畫發表會
電影《在你世界的對面》一月開始上映時，全東京僅僅只有十六家電影院放映而已，規模非常小。
但是，後來透過大家的口耳相傳和社群網路的傳播，好評連連擴散開來，
至今已經超過半年，全國依然有五百家電影院，還在上映中。

而且
目前在法國舉辦的
國際動漫電影節中，
更成為日本第一部
獲得大獎的作品！
預定今年夏天
發行的DVD，
估計訂量超過
五十萬張。
嘩
嘩
那麼
各位有什麼指教…
首都電機
島原！

本期希望唱片業績的大幅反彈，
全都得歸功於八田社長的精明手腕，這點自不待言…
日前首都電機舉行董事會
會中已經提案討論是否請八田社長回來首都電機擔任董事！
一片譁然
緊張
緊張
緊張

八田社長
您意下如何？
…………
我──
自大學畢業
進入
首都電機以來
我長期都在
從事研究開發工作
……
一直期望
有一天
能夠回去
繼續投入研究
這個願望
至今仍在心中──
──但是…

現在還不是時候!!
「夫人眾一合，而不可卒離。」
眾人一經聚集會合，就不可以倉促地予以分離。
這是中國古代經典《三略》裡的話
＊出自《中略》第六節

希望唱片這個團體，只要繼續密切地團結合作，
前途將無可限量！
謝謝您告訴我這個好消息
但是離開這裡的事⋯我想等到我們公司不再依賴首都電機，
成為完全獨立的企業後，再作考量！

歡聲雷動
鼓掌
夫主將之法⋯
⋯⋯⋯
鼓掌
鼓掌
「夫主將之法，務攬英雄之心，賞祿有功，通志於眾。」（『上略』第一節）

幹得好！
社長
八田英明！
三略

三略

原著——太公望
作者——堀江一郎、十常アキ
譯者——林美琪
執行長——陳蕙慧
總編輯——郭昕詠
編輯——徐昉驊、陳柔君
行銷總監——李逸文
資深行銷
企劃主任——張元慧
封面排版——簡單瑛設

社長——郭重興
發行人兼
出版總監——曾大福
出版者——遠足文化事業股份有限公司
地址——231 新北市新店區民權路 108-2 號 9 樓
電話——(02)2218-1417
傳真——(02)2218-1142
E-mail——service@bookrep.com.tw
郵撥帳號——19504465
客服專線——0800-221-029
網址——http://www.bookrep.com.tw
Facebook——日本文化觀察局 https://www.facebook.com/saikounippon/
法律顧問——華洋法律事務所 蘇文生律師
印製——呈靖彩藝有限公司

初版一刷 2019 年 6 月
Printed in Taiwan